Ute Fehnker

Unterrichtsstunde: Slow Food

Ein Ernährungsstil zwischen Tradition und Zukunftsfähigkeit

GRIN Verlag

Bibliografische Information der Deutschen Nationalbibliothek:

Die Deutsche Bibliothek verzeichnet diese Publikation in der Deutschen National-
bibliografie; detaillierte bibliografische Daten sind im Internet über http://dnb.d-
nb.de/ abrufbar.

Impressum:

Copyright © 2012 GRIN Verlag GmbH
Druck und Bindung: Books on Demand GmbH, Norderstedt Germany
ISBN: 978-3-656-34465-0

Dieses Buch bei GRIN:

http://www.grin.com/de/e-book/207284/unterrichtsstunde-slow-food

Slow Food
Ein Ernährungsstil zwischen Tradition und Zukunftsfähigkeit

Neue technologische Entwicklungen führen auch in der Lebensmittelindustrie zu immer neuen Produkten, wie z. B. der Analog-Käse, der gar kein Käse ist. Das Angebot an verarbeiteten Lebensmitteln und Lebensmitteln mit Zusatzfunktionen ist heute kaum noch zu überschauen und es wird auch in Zukunft davon ausgegangen, dass der Bequemlichkeitsaspekt beim Essen und Trinken zunimmt. Ein Ergebnis dieses Trends sind z. T. hochverarbeitete Einheitsprodukte mit Einheitsgeschmack und Einheitsinhaltsstoffen. Klar unterscheidbare Lebensmittel innerhalb einer Gruppe oder regionale Besonderheiten sind selten. Ähnlich verhält es sich aber auch mit frischen Lebensmitteln. Im Supermarkt bekommt man Kartoffeln nur noch als „fest kochende" oder „mehlig kochende" Sorten. Aber wer kennt die „Linda" oder das „Bamberger Hörnla"? Eine vergleichbare Situation findet man bei Äpfeln, Möhren oder Tomaten. Für den Rückgang der Artenvielfalt gibt es neben dem weit verbreiteten Konsumverhalten, nur das Bekannte mit dem gewohnten Geschmack zu kaufen, weitere Gründe: Die Landwirtschaft dezimiert durch Züchtungen das natürliche Artenspektrum. Damit einher geht die Patentierung von Saatgut. In der Lebensmittelindustrie spielen die Erträge eine besonders große Rolle, so dass Arten, die weniger ertragreich sind, einfach nicht mehr angebaut werden.

In der Kulturgeschichte des Menschen dienten weltweit etwa 7.000 Pflanzenarten als Nahrung. Heute sind es nur noch ca. 100 Arten. Den Hauptanteil des Weltgetreideanbaus machen Reis, Mais und Weizen aus. Mit der traditionellen Züchtung wurde die genetische Zusammensetzung der Pflanzen entsprechend der Anforderungen umgestaltet; die grüne Gentechnik beinhaltet hier noch ganz andere Möglichkeiten. Es fand und findet eine Konzentration auf wenige Varietäten statt. Der russische Forscher Vavilov (1887 – 1943) hat schon um 1920 auf die genetische Verarmung der pflanzlichen Vielfalt aufmerksam gemacht. Er beschrieb die Zentren pflanzengenetischer Vielfalt, wo noch heute Fachkundige Samen von Wildformen sammeln, um sie als wertvolle Allelvarianten einzukreuzen. Auch in der Nutztierzucht hat eine Konzentration auf wenige hochgezüchtete Rassen stattgefunden. Aus dem früher vielseitig genutzten Rind wurden beispielsweise Varietäten mit höchster Milchleistung gezüchtet und eine einseitige künstliche Besamung hat dazu beigetragen, die Entfaltung genetischer Variabilität einzuschränken. Inzwischen werden gefährdete Nutztierrassen sogar auf die Rote Liste gesetzt und ihre Spermien und Embryonen als Kryokonserven aufbewahrt. Eine bemerkenswerte globale Maßnahme erfolgte 2008 mit der Einrichtung einer Pflanzensamenbank im ewigen Eis von Spitzbergen. In diese frostige „Arche Noah" kann jeder Staat der Welt Samen von Nutzpflanzen einlagern, um für kommende Generationen die Artenvielfalt zu erhalten.

Einen anderen Weg geht der Verein SLOW FOOD. Er kümmert sich u. a. darum, in Vergessenheit geratene Gemüsesorten, Nutztierarten oder handwerklich besonders hergestellte Lebensmittel in Erinnerung zu halten. Zum einen finden diese Aufnahme in die „Arche des Geschmacks", wie etwa die „Diepholzer Moorschnucke" oder die „Bunten Bentheimer" in norddeutschen Raum. Mit dem jährlich wiederkehrenden „Bremer Scherkohltag" oder den in vielen Städten stattfindenden „Apfeltagen" soll dafür gesorgt werden, dass diese Pflanzen im Bewusstsein bleiben und dass ihre Samen kultiviert werden. Aus diesen wachsen fruchtbare Nachkommen, die, im Gegensatz zu hybriden Pflanzen, dieselben Eigenschaften und Gestalt wie ihre Mutterpflanzen haben.

Slow Food setzt sich für eine ökologische Anbauweise ein und liefert so einen Beitrag zur Minimierung des Artenschwundes, verursacht durch Pestizide und das Verschwinden vielfältiger Kulturlandschaften im konventionellen Landbau.

Das Thema im Unterricht

Der Einstieg erfolgt anhand einer fiktiven Anfrage von den Betreibern der Schulmensa. Sie überlegen, ihr Angebot zukünftig nach den Grundsätzen von Slow Food auszurichten, um dadurch verantwortungsvoll zu handeln. Sie bitten dazu um eine aussagekräftige Stellungnahme der Schülerinnen und Schüler. Diese Einführung eröffnet ein Gespräch über ausgewählte Hintergründe und Problematiken der heutigen Ernährungssituation und mögliche Alternativen. Im Folgenden wird eine sachkundige und kritische Stellungnahme erarbeitet. Die Jugendlichen begeben sich in fünf Arbeitsgruppen und setzen sich weitgehend selbständig mit den folgenden Themenbereichen auseinander:

- Von Analogkäse und Gel-Schinken - Auf dem Weg zum Einheitsessen
- Biologische Vielfalt – Eine Notwendigkeit für die weltweite Ernährung
- Slow Food – Anders essen als bisher
- Bunte Bentheimer, Bamberger Hörnla und Bremer Scherkohl - Alte Sorten neu genießen
- Genuss mit Zukunft – Ernährung zukunftsfähig gestalten

Die Schülerinnen und Schüler erhalten dazu Themenblätter mit kurzen Sachinformationen und weiterführenden Forscheraufgaben. Sie bearbeiten die Aufgabenstellungen und stellen ihre Ergebnisse auf Lernplakaten dar, die sie später in einer „Fachkonferenz" vorstellen. Dieses Gremium tagt nach Abschluss der Gruppenarbeitsphase. Die Ergebnisse werden hier ausgetauscht und diskutiert. Die Jugendlichen sollten nun über genügend Hintergrundwissen verfügen, um einen eigenen, persönlichen Standpunkt hinsichtlich der Anfrage entwickeln, begründen und vertreten zu können.

Die Schülerinnen und Schüler vertiefen bei der Bearbeitung sowohl Fachkenntnisse als auch Kompetenzen im Bereich der Erkenntnisgewinnung. Die Simulation einer „Fachkonferenz" dient der Entwicklung sozialer und kommunikativer Fähigkeiten und mithilfe einer Diskussion und dem Herausarbeiten eines eigenen Standpunktes wird die Bewertungskompetenz der Lernenden gefördert.

Literatur und Internetquellen

(Stand: Dezember 2012)

Amann, S.: Analogkäse, Gel-Schinken und Co.. Verbraucherschützer decken Lebensmittel-Tricksereien auf, Artikel auf spiegel-online, 10.07.2009
www.spiegel.de/wirtschaft/0,1518,635367,00.html

Baums, J.: Food-Monitor, Informationsdienst für Ernährung
www.food-monitor.de

Beratungsbüro für Ernährungsökologie
www.bfeoe.de/index.shtml

Bode, T.: Die Essensfälscher, Frankfurt: Fischer Verlag, 2010

Bundesministerium für Umwelt, Naturschutz und Reaktorsicherheit (Hg.): Biologische Vielfalt. Materialien für Bildung und Information, Berlin 2008

Bundesministerium für Ernährung, Landwirtschaft und Verbraucherschutz: Agrobiodiversität erhalten, Potenziale der Land-, Forst- und Fischereiwirtschaft erschließen und nachhaltig nutzen, Bonn 2007
www.bmelv.de/cae/servlet/contentblob/384104/publicationFile/23380/StrategiepapierAgrobio diversitaet.pdf

Eberle, U. et al.: Ernährungswende, München: oekom Verlag, 2006

Foodwatch e.V.
www.foodwatch.de

Geo.de
www.geo.de/GEO/natur/oekologie/tag_der_artenvielfalt/
www.geo.de/GEOlino/kreativ/5123.html

Imhof, C.: So essen Sie! Fotoportraits von Familien aus 15 Ländern: Ein Erkundungsprojekt rund um das Thema Ernährung, Mülheim: Verlag an der Ruhr, 2007

Institut für sozialökologische Forschung
Typologie der Ernährungsstile, www.isoe.de/ftp/Hay_agrar05.pdf
Projekt Ernährungswende, www.ernaehrungswende.de/

Koerber, von, K.W./Männle, T./Leitzmann, C.: Vollwert-Ernährung. Konzeption einer zeitgemäßen und nachhaltigen Ernährung, Heidelberg: Haug; 2004

Menzel, P./ D'Aluisio, F.: So isst der Mensch. Familien in aller Welt zeigen, was sie ernährt, Hamburg: Gruner & Jahr, 2005

Petrini, C.: Gut, sauber & fair. Grundlagen einer neuen Gastronomie. Wiesbaden: Tre Torri Verlag GmbH, 2007

Petrini, C.: Slow Food. Genießen mit Verstand, Zürich: Rotpunktverlag, 2007

Slow Food
www.slowfood.de/

Verbraucher-Initiative e.V.
www.zusatzstoffe-online.de/home/
www.label-online.de

Anfrage an die Schülerinnen und Schüler

Die Meldungen über Lebensmittelskandale häufen sich! Wir wollen darauf reagieren und das Angebot unserer Schulmensa umstellen. Wir wollen in Zukunft mehr Verantwortung übernehmen: Für die Gesundheit unserer Schülerinnen und Schüler, aber auch für die Umwelt und die Menschen, die die Lebensmittel produzieren. Ein besonderes Anliegen für uns ist eine große Vielfalt - und dies sowohl bei der Auswahl der Lebensmittel als auch beim Geschmack.

Wir haben bereits erste Gespräche mit dem Verein Slow Food geführt, der uns unterstützen wird. Aber bevor das Angebot in der Schulmensa umgestellt wird, bitten wir euch um eine Stellungnahme. Wie schätzt ihr die Akzeptanz ein? Sind auch die Schülerinnen und Schüler bereit, anders als bisher zu essen? Seht ihr Chancen, dass unsere Kunden oft und gerne auf dieses Angebot zurückgreifen werden?

Von Analogkäse und Gel-Schinken

Auf dem Weg zum Einheitsessen

Kurz und kompakt

Ernährungsgewohnheiten unterliegen einem steten Wandel. Die Situation heute: Eine steigende Nachfrage nach Snacks und Fast-Food und für das schnelle Kochen zuhause spielen vorverarbeitete Produkte, so genannte Convenienceprodukte, eine immer größere Rolle. Ungünstig sind Fertigprodukte immer dann, wenn mit ihnen zu viel Fett, zu viel Salz, zu viel Energie und zu wenige Vitamine, Mineralstoffe oder Ballaststoffe zugeführt werden. Tendenziell gilt: Je weniger ein Lebensmittel bearbeitet ist, desto eher kann es die Gesundheit fördern. Denn, in frischem Zustand weist es den höchsten Gehalt an essentiellen Inhaltsstoffen auf. Lagerung, Konservierung und Verarbeitung senken nicht nur ihren Gehalt, sondern verändern auch das Verhältnis zueinander. Und je mehr ein Lebensmittel von seiner natürlichen Komplexität und seiner Frische verloren hat, desto eher enthält es Lebensmittelzusatzstoffe, um die verloren gegangenen Eigenschaften zu kompensieren. Diese technologischen Hilfsstoffe täuschen unsere sensorischen Empfindungen und vermitteln genormte Geschmacksrichtungen.

Ein weiteres Problem stellen Imitate dar. Immer mehr Lebensmittelhersteller sparen an den Zutaten - ohne dass die Verbraucher es merken. Analogkäse auf der Fertigpizza z. B. ist kein echter Käse, sondern wurde auf technologischem Weg allein aus Pflanzenfett anstatt aus Kuhmilch hergestellt. Ein anderes Beispiel ist gekochter Schinken, der unter Umständen aus einer Gelmasse mit kleinen Fleischstückchen bestehen kann. Dabei handelt es sich um minderwertige und billige Ersatzprodukte, die lediglich einen Fleischanteil von durchschnittlich 60 Prozent aufweisen. Der fehlende Fleischanteil wird mit Wasser ausgeglichen. Außerdem werden Bindemittel wie Stärke sowie Gelier- und Verdickungsmittel und "fleischfremdes Eiweiß" zugesetzt. Betroffen sind nicht nur Billigmarken, sondern auch die teuren Markenartikel. Diese Vorgehensweise ist in Deutschland nicht verboten, allerdings dürfen die Produkte nicht als "Käse" oder „Schinken" verkauft werden. Ebenso wird mit irreführenden Werbeaussagen geworben, wie z. B. „Schwarzwälder Schinken", wobei das Fleisch aus der Massentierhaltung lediglich im Schwarzwald geräuchert wurde oder die „Extraportion Milch", die über einen hohen Zuckergehalt hinweg täuschen soll.

Convenience ist die englische Bezeichnung für Bequemlichkeit. Convenienceprodukte sind Lebensmittel, die bereits bestimmte Verarbeitungsstufen durchlaufen haben. Dabei entstehen entweder Fertiggerichte oder fertige Teilgerichte, die schnell und einfach zubereitet sind.

Anteil der Ausgaben für Nahrungsmittel am Haushaltseinkommen sinkt weiter. Der "durchschnittliche" Haushalt (4-Personen-Arbeit-nehmer-Haushalt mit mittlerem Einkommen) gab 2007 im früheren Bundesgebiet 11 % seines Einkommens für Nahrungsmittel aus. Anfang der 70er Jahre lag der Anteil bei 19 %. Der Grund für den Rückgang liegt einerseits in den Einkommenssteigerungen, andererseits in dem vergleichsweise geringen Anstieg der Nahrungsmittelpreise. *Quelle:* www.foodmonitor.de

Forscheraufgaben

Imitat-Detektive

Krebsfleisch-Imitat, Fischmuskeleiweiß, Erbsenstärke, synthetisches Vanillin, Algenkonzentrat und Formfleisch - diese Zutaten sind Bestandteil vieler Lebensmittel. Wer sich beim Einkaufen auf klingende Namen wie "Hähnchenschnitten" und "Premium-Eis - mit Sahne verfeinert" oder auf ansprechende Bilder verlässt, kann schnell getäuscht werden. Erkundet das Angebot in einem Supermarkt. Wählt eine Produktgruppe aus, z. B. Süßigkeiten, Brot oder Fischprodukte. Welche Täuschungen findet ihr? Protokolliert eure Ergebnisse.

Was essen Menschen in anderen Ländern?

Die Ernährungsgewohnheiten sind weltweit sehr unterschiedlich. Einen Einblick geben die Plakate „So isst die Welt". Schau dir die Einblicke auf der Seite *www.geo.de/GEOlino/kreativ/5123.html* an. Beschreibt die Abbildungen. Welche Lebensmittel werden in den ausgewählten Ländern vorwiegend verzehrt? Wie hoch ist der Anteil an Convenience Food?

Erstellt ähnlich Fotoportraits für eure Ernährungssituation. Was esst ihr z. B. an einem Tag?

Experimente entwickeln

*   Färbt verschiedene Götterspeisesorten mit Lebensmittelfarben ein und lasst sie testen: Beeinflussen Farbstoffe das Geschmacksempfinden?
*   Führt Geschmackstests mit verschiedenen Vanillejoghurts durch (mit echter Vanille, mit Vanillin, mit naturidentischem Aroma). Vergleicht auch die Farbe. Was stellt ihr fest?
*   Welche Assoziationen werden mit verschiedenen Aromen verbunden? Stellt Duftproben her (Aromen auf Wattbäusche geben oder Gewürze in Filmdöschen verschließen) und sammelt die Eindrücke verschiedener Testpersonen.

Was bedeuten die E-Nummern?

Zusatzstoffe müssen auf den Lebensmittel-Verpackungen angegeben sein. Besorgt euch verschiedene Lebensmittelverpackungen und überprüft die E-Nummern. Schaut auf der Seite *www.zusatzstoffe-online.de* nach, was sich hinter der Kennzeichnung verbirgt.

Biologische Vielfalt

Eine Notwendigkeit für die weltweite Ernährung

Kurz und kompakt

Der Begriff Biodiversität oder biologische Vielfalt umfasst nicht nur die Vielfalt der Arten, sondern auch die genetische Vielfalt innerhalb jeder Art, die wiederum Mitgestalterin von Ökosystemen ist. Alle drei Bereiche sind eng miteinander verknüpft und wirken aufeinander ein. Sie bilden immer neue Kombinationen. Im Boden, im Wasser und in der Luft sorgt die Biologische Vielfalt für ein Überleben der äußerst komplexen ökologischen Gesellschaften. Der weltweite dramatische Rückgang der Biologischen Vielfalt führt zu einer Verarmung und Gefährdung der Natur, was letztlich auch die Lebensgrundlagen der Menschen bedroht. Menschen beeinflussen die Biodiversität direkt und indirekt: Sie nutzen die natürlichen Ressourcen und beuten sie aus und die Landwirtschaft dezimiert durch Züchtungen das natürliche Artenspektrum. Dazu kommt eine veränderte Landnutzung. Artensterben hat Im Laufe der Evolution immer wieder stattgefunden. Im Durchschnitt überlebte eine Art zwischen 1 und 12 Millionen Jahren (Ausnahme: lebende Fossilien). Das Risiko des Aussterbens ist die natürliche Dynamik, welche die Vielfalt erhält. Aber die Extinktionsrate ist heute, verantwortet durch die Menschen, bis auf das 10.000-Fache gestiegen.

Die biologische Vielfalt in der Landwirtschaft wird als **Agrobiodiversität** bezeichnet. Sie umfasst die für die Ernährung genutzten Pflanzen und Tiere, aber auch alle Organismen, die damit im Zusammenhang stehen. Z. B. gelten die Bodenfruchtbarkeit oder die Reinigung von Wasser als „Dienstleistungen" komplexer biologischer Systeme. Die Menschen haben die Vielfalt an Kulturpflanzen und Nutztieren beeinflusst. Gab es früher weltweit etwa 7.000 Nahrungspflanzen, so sind es heute nur noch ca. 100 Arten. Den Hauptanteil des Weltgetreideanbaus machen Reis, Mais und Weizen aus. Durch Domestikation und moderne Züchtungsmethoden fand eine Konzentration auf wenige Varietäten statt.

Agrobiodiversität ist die Grundlage jeglicher Produktion von pflanzlichen und tierischen Erzeugnissen und stellt eine bedeutsame Ressource für zukünftige Züchtungen dar. Sie beinhaltet Möglichkeiten der evolutionären Anpassung an sich ändernde Umweltbedingungen, wie sie z. B. durch den Klimawandel aktuell sind. Zur Erhaltung der Agrobiodiversität gehört die Erhaltung von Lebensräumen, von Arten und von innerartlicher Vielfalt. Zwei Möglichkeiten werden unterschieden: „In-situ" bezeichnet die Erhaltung am natürlichen Standort (bei Wildpflanzen z. B. in Wäldern, bei Kulturpflanzen meist in Hausgärten). Die „Ex-situ"-Erhaltung ist die Erhaltung außerhalb der natürlichen Lebensräume, vor allem in Genbanken (z. B. als Saatgut, Gewebekultur oder Kryokonserve), aber auch in Botanischen bzw. Zoologischen Gärten.

Die bedeutendsten Kulturpflanzen und Nutztiere werden weltweit genutzt (z. B. Weizen, Mais und Reis, sowie Rind, Schwein, Geflü-

Rote Liste
Bundesamt für Naturschutz, Rote Listen gefährdeter Biotoptypen, Tier- und Pflanzenarten sowie der Pflanzengesellschaften www.bfn.de/0321_rote_l iste.html

Der Internationale Tag der biologischen Vielfalt
wurde von der UN auf den 22. Mai festgesetzt, den Tag der Verabschiedung der Biodiversitäts-Konvention.

GCDT
(engl.: Global Crop Diversity Trust) ist ein Welttreuhandfonds für Kulturpflanzenvielfalt. Diese Organisation bewahrt die Sortenvielfalt des Saatgutes von Nutzpflanzen, um die Ernährung der Weltbevölkerung zu sichern.

Pflanzensamenbank im Eis von Spitzbergen
Seit 2008 kann jeder Staat der Welt Samen von Nutzpflanzen in einer Pflanzensamenbank im ewigen Eis einlagern, um für kommende Generationen die Artenvielfalt zu erhalten.

gel, Pferd, Schaf, Ziege). Das führt zu gegenseitigen Abhängigkeiten der Staaten bei der Erhaltung, Nutzung und Austausch der genetischen Ressourcen. Die Staatengemeinschaft hat erkannt, dass das Problem sehr komplex ist und nicht durch isolierte Naturschutzaktivitäten gelöst werden kann. Daher wurde 1992 in Rio de Janeiro ein weltweites Übereinkommen (Biodiversitätskonvention, CBD) beschlossen.

Vavilov-Zentren

Quelle: http://www.gtz.de/de/themen/umwelt-infrastruktur/23089.htm

	Region	Wichtigste Kulturpflanzen
I	Südasiatische Tropen	Reis, Zuckerrohr, tropische Früchte und Gemüse
II	Ostasien	Sojabohnen, Hirse Gemüse- und Fruchtkulturen
III	Südwestasien	Weizen, Roggen, Erbsen, Kichererbsen, Linsen, Obst
IV	Mediterraner Raum	Oliven, Johannisbrotbaum, Gemüse, Futterpflanzen
V	Abessinisches Zentrum	Teff, Kaffee, Sorghum, Weizen, Gerste, Enset-Banane
VI	Zentralamerika	Mais, Baumwolle, Bohnen, Kürbisse, Kakao, Süßkartoffeln, Yamswurzel, Piment, Obst
VII	Andenregion	Kartoffeln und andere Knollengemüse, Chininbaum, Kokastrauch

Forscheraufgaben

Vavilov-Zentren

Wichtige Vielfaltszentren sind heute noch die so genannten Vavilov-Zentren (benannt nach dem russischen Botaniker Vavilov). Die Abbildung zeigt die bevorzugten Anbauregionen weltweit wichtiger Nahrungspflanzen. Sucht euch eine Pflanze aus und erstellt einen Steckbrief. Formuliert auch Begründungen: Warum kam es zur Ausbildung der Diversitätszentren in diesen Regionen?

Wildformen und Kulturformen

Von einigen Nahrungspflanzen existieren auch bei uns parallel Wildformen und Kulturformen. Suche Beispiele! Besorgt euch, wenn möglich, Abbildungen und stellt die beiden Formen gegenüber. Was hat sich verändert?

Von A bis Z – die Artenliste für Nahrungspflanzen

Welche heimischen Nahrungspflanzen kennt ihr? Fertigt eine Liste von A wie zum Beispiel Apfel" bis Z wie zum Beispiel „Zwiebel" an.

Geo-Tag der Artenvielfalt

Die Zeitschrift Geo initiiert seit 1999 jedes Jahr einen Tag der Artenvielfalt. Die Veranstaltung folgt dem Grundsatz, dass wir nur das, was wir kennen, achten und schützen werden. Jeder kann an dieser „Inventur" der heimischen Flora und Fauna teilnehmen. Informiert euch über diese Aktion. Vielleicht habt ihr Interesse, Nahrungspflanzen zu erforschen? *www.geo.de/GEO/natur/oekologie/tag_der_artenvielfalt/*

Artensterben

Worin sehen Wissenschaftler die Gründe für das heutige Artensterben? Überlegt mindestens vier Gründe. Wo liegen die Unterschiede zu den früheren Artensterben?
Warum sollte man die Vielzahl der Kulturpflanzenarten erhalten? Wie kann man insbesondere die selten oder gar nicht genutzten Kulturpflanzenarten erhalten?

Biopiraterie

Eine enorme wirtschaftliche Bedeutung hat die Biodiversität als Reservoir für mögliche Arzneiwirkstoffe, für Gene für die landwirtschaftliche Sortenzüchtung, für biotechnologische Prozesse oder auch für bionische Entwicklungen. In der Vergangenheit konnten sich interessier-

te Wissenschaftlicher/innen oder auch Firmenvertreter/innen frei an der Biodiversität anderer Länder bedienen (Biopiraterie).
Diskutiert in eurer Gruppe: Wem gehört die Vielfalt an Pflanzen und Tieren? Ist die Vergabe von Patenten auf Pflanzen und Tiere vertretbar? Wer profitiert und wer verliert?

Slow Food

Anders essen als bisher

Kurz und kompakt

Slow Food (wörtlich: langsames Essen) steht für genussvolles, bewusstes, regionales und saisonales Essen. Slow Food ist ein Verein, der in 1986 in Bra, Italien, von Carlo Petrini gegründet und 1989 zu einer internationalen Non-Profit-Organisation wurde. Die Mitglieder des Vereins sehen sich als eine internationale Bewegung zur Wahrung des Rechts auf Genuss und möchten als Antwort auf die Verflachung durch Fast Food die geschmackliche Vielfalt der lokalen und traditionellen Gerichte entdecken. Essen und Trinken werden als Teil der Kultur verstanden, in der jede Region und jede Jahreszeit ihren Platz haben. Slow Food unterstützt die Verbreitung von hochwertigen Lebensmitteln, die möglichst wenig technologisch bearbeitet sind. Der Verein verbindet Lebensmittel mit Genuss, Bewusstsein und Verantwortungsgefühl. Die drei Hauptziele von Slow Food sind:

Die Wahrung der biologischen Vielfalt: Hochwertige Nahrungsmittel sind mit dem Bemühen verbunden, traditionelle Lebensmittel (z. B. traditionelle Käse-, Obst-, Gemüse- und Getreidesorten) und Tierrassen zu erhalten, die durch industrielle Lebensmittel langsam verdrängt werden.

Die Geschmackserziehung: Obwohl der Geschmack jedes Menschen subjektiv ist, so ist er doch auch das Resultat eines Lernprozesses. Dieses macht sich die Lebensmittelindustrie zu Eigen, indem sie die Homogenisierung von Geschmack vorantreibt. Slow Food entwickelt Schulungsprogramm für den Geschmackssinn.

Das Zusammenführen von Erzeugern und Verbrauchern: Um den Menschen Erzeugnisse von ausgezeichneter Qualität vorzustellen, finden regelmäßig Messen, Bauernmärkte und andere Veranstaltungen statt.

Carlo Petrini, der Begründer von Slow Food stellt drei Bedingungen an Lebensmittel: Sie sollen gut, sauber und fair sein. „Gut" beinhaltet geschmack- und genussvoll und natürlich. Das Kriterium „sauber" steht für eine ökologisch nachhaltige Produktion und „fair" beschreibt die soziale Nachhaltigkeit der Produktion.

Zukunftstrend Slow Food

Einer Studie des Zukunftsinstituts Deutschland zufolge ist „Slow Food" einer von 18 Trends, die das Leben von morgen auf dem Gebiet der Ernährung beeinflussen.

Zusammenführung von scheinbar Gegensätzlichem

Slow Food verbindet folgende Begriffe: Gute Qualität und tragbare Preise, Genuss und Gesundheit, Lebensfreude und soziale Verantwortung, Tempo und gemächlicher Rhythmus.

Forscheraufgaben

Informationen sammeln und darstellen

Informiert euch über den Verein Slow Food. Stellt seine Ziele und Aktivitäten übersichtlich dar. Erklärt typische Begriffe (z. B. Convivien, Arche des Geschmacks). Wer kann Mitglied werden und was bedeutet das?

Experten für Slow Food

Gibt es eine Vertretung des Vereins auch in eurer Region? Vielleicht könnt ihr eine/n Expertin/en einladen. Überlegt euch zuvor Fragen für euer Interview.

Gegenüberstellung Fast Food – Slow Food

Fertigt eine Gegenüberstellung an: Fast Food – Slow Food. Wo liegen die jeweiligen Vor-

und Nachteile?

Essen in der Kunst

Das Essen spielt auch in der Kunst immer wieder eine bedeutsame Rolle. Sucht euch Darstellungen mit Ess-Szenen (Kunstpostkarten, Abbildungen im Internet, Kataloge) und versucht sie zu analysieren. Welche Nahrungsmittel oder Gerichte sind dargestellt? Zu welchen Anlässen wird gegessen u.v.m.

Artenvielfalt in der Landwirtschaft - Pro und Contra

Es gibt verschiedene Argumente, die für den Wert und den Schutz einer großen Artenvielfalt bei Nahrungspflanzen und Nutztieren sprechen. Wirtschaftliche Gründe, ökologische, soziale/kulturelle, ethische/religiöse oder auch ästhetische Gründe (die Schönheit der Natur). Sammelt für jede Kategorie Argumente. Zum Schluss ermittelt ihr, welche Begründungen in der Klasse Zustimmung finden und welche nicht.

Bunte Bentheimer, Bamberger Hörnla und Bremer Scherkohl

Alte Sorten neu genießen

Kurz und kompakt

Die **Arche des Geschmacks** ist ein internationales Projekt von Slow Food. Es soll die bäuerliche Kleinproduktion vor der industriellen Vereinheitlichung bewahren und das Aussterben verschiedener Nutzpflanzen und Tierrassen verhindern. Es werden Verzeichnisse mit bedrohten Arten und handwerklich besonders hergestellten Lebensmitteln angelegt und verbreitet, um das Wissen darüber zu erhalten und dafür zu sorgen, dass sie schlussendlich wieder in den Handel gebracht werden. Die so genannten „Passagiere" der Arche müssen strenge Aufnahmeregeln erfüllen: Das Produkt muss von hervorragender Qualität sein, es muss sich um ein einheimisches Produkt handeln, es muss eine historische und sozioökonomische Verbindung mit einem bestimmten Gebiet geben, die Erzeugnisse dürfen nur von kleinen Betrieben in kleinen Mengen hergestellt werden und die Produkte müssen vom Aussterben bedroht sein.

Zum Beispiel: Das Bunte Bentheimer Schwein

Anfang 2003 gab es nur noch rund 50 Tiere dieser Schweinerasse aus der Grafschaf Bentheim und dem Emsland. Es gehörte zu den am stärksten bedrohten Nutztierrassen in Deutschland. Zu dem Zeitpunkt fanden sich einige Züchter, Halter und Interessierte zusammen und gründeten einen Verein zur Erhaltung des Bunten Bentheimer Schweines. Im Gegensatz zu den hochgezüchteten Schweinen zeichnen sind diese Tiere durch eine bessere Fleischqualität aus. Das Fleisch hat einen hohen intramuskulären Fettanteil, was sich positiv auf den Geschmack, das Aussehen und die Bratgenschaften auswirkt. Bunte Bentheimer Schweine sind genügsam, stressresistent, einfach zu halten und fruchtbar. Im Jahr 2008 konnten bereits 13 Zuchtbetriebe mit 572 Tieren verzeichnet werden.

Zum Beispiel: Bamberger Hörnla

Das Bamberger Hörnla oder auch Bamberger Hörnchen ist eine alte Kartoffelsorte aus Franken. Die vorwiegend festkochenden Kartoffeln sind klein und haben eine längliche, krumme Form. Sie haben festes hellgelbes Fleisch und ein nussiges Aroma. Die Sorte drohte auszusterben, da der Anbau aufwendig und der Ertrag eher gering ist. Zudem lassen sich die Hörnla nicht maschinell ernten. Heute ist diese Sorte wieder sehr beliebt und wurde 2008 im Internationalen Jahr der Kartoffel von Landwirtschafts- und Umweltorganisationen zur „Kartoffel des Jahres" gewählt.

Zum Beispiel: Bremer Scherkohl

Seit 2002 bemüht sich Slow Food besonders um den Erhalt des Bremer Scherkohls. Dieser Blattkohl wurde bis zu den 50iger Jahren besonders im Nordwestdeutschen Raum, angebaut und verschwand dann mehr und mehr vom Markt. Bremer Scherkohl ist frosthart und kann schon im März ausgesät werden. Es ist auch eine sehr späte Aussaat möglich. Damit kann er das erste und letzte frische Gemüse

Weltweit sind mehr als 750 Produkte in das Projekt Arche des Geschmacks aufgenommen worden.

Die Saatgut-Herstellung konzentriert sich heute auf wenige multinationale Konzerne, die in enger Verbindung zur chemischen Industrie stehen. Die Biotechnologie verlagert die Pflanzenzüchtung ins Laber; mit gentechnischen Methoden wird um die Vormachtstellung am Markt gekämpft. Immer mehr Sorten und Lebenswesen werden heute patentiert.

Hybrid-Züchtungen stellen einen großen Anteil, auch an Bio-Saatgut, dar. Dies sind Kreuzungen verschiedener Arten oder Unterarten. Meist liefern sie im ersten Erntejahr bessere Erträge als Nicht-Hybride; ab dem zweiten Jahr fallen die Erträge allerdings oft so gering aus, dass sich der weitere Anbau damit nicht lohnt. Stattdessen muss jedes Jahr neues Saatgut gekauft werden. Experten weisen darauf hin, dass es immer weniger Saatgut gibt, das „samenfest" ist. Dies bedeutet, dass aus ihrem Saatgut Pflanzen wachsen, die dieselben Eigenschaften und Gestalt wie die Mutterpflanzen haben.

im Jahr sein. Er benötigt von der Saat bis zur Ernte ca. 12 Wochen und muss im jungen Entwicklungsstadium geerntet (geschert) werden, dann schmeckt er am besten.	Sie können also natürlich vermehrt werden.

Forscheraufgaben

Diskussion
Besprecht in euer Gruppe: Kann das Projekt „Arche des Geschmacks" einen Beitrag leisten, um die Agrobiodiversität zu erhalten? Muss es evtl. noch weitere/andere Maßnahmen geben?

Besonderheiten in der eigenen Region
Welche traditionellen und typischen Nahrungsmittel gibt es in eurer Region? Wo bekommt man sie? Wie werden sie zubereitet? Fertigt entsprechende Steckbriefe an.

Essen und Kochen früher
Sammelt traditionelle Rezepte und kocht sie mit den originalen Zutaten nach. Fragt vorher ältere Mitbürger/innen: Was wurde früher hier gegessen? Welche Traditionen gab/gibt es? Ergänzend könnt ihr auch Informationen über den Einkauf zusammenstellen: Wann gibt es was, und wo?

Functional Food, Chilled Food, Ethno Food...
Schon heute gibt es viele neue Entwicklungen auf dem Lebensmittelmarkt. Erstellt eine Pro- und Contra-Liste für „neue" und „alte" Lebensmittel. Könnt ihr eine eigene Meinung formulieren?

Qualitätssiegel
Informiert euch über Gütesiegel im Lebensmittelbereich. Welche Qualitätssiegel gibt es und was sagen sie aus? Gibt es auch Qualitätssiegel für traditionelle Lebensmittel? *www.label-online.de*

Genuss mit Zukunft
Ernährung zukunftsfähig gestalten

Kurz und kompakt

Ein zukunftsfähiger Ernährungsstil gewinnt zunehmend an Bedeutung. Mit unserer Ernährungsweise beeinflussen wir nicht nur unsere Gesundheit, sondern lösen auch – bewusst oder unbewusst – ökologische, ökonomische und gesellschaftliche Wirkungen aus. Die Art und Menge der von uns verzehrten Lebensmittel hat einen erheblichen Einfluss, und zwar auf uns selbst, regional und global. Eine Folge ist die Bedrohung der Biodiversität. Weitere Auswirkungen sind z. B. Mangel- und Fehlernährung, eine Zunahme ernährungsmitbedingter Erkrankungen, ein hoher Energieaufwand für Produktion, Be- und Verarbeitung, für Verpackung, Transport und Lagerung, globale soziale Ungerechtigkeiten, ökologische Beeinträchtigungen und auch eine sinkende Lebensmittelqualität. Heute dienen Essen und Trinken vielfach zur bloßen Nahrungsaufnahme. Die Fähigkeit und die Lust zum Genießen und das Interesse an der Zubereitung von Speisen schwinden ebenso wie das Gefühl für Duft und Geschmacksaromen natürlicher, naturbelassener, unverfälschter und vor allem frischer Lebensmittel.

Dreieck der Nachhaltigkeit

Quelle:
http://www.agenda21-treff-punkt.de/info/nachhalt.htm

Grundsätze einer zukunftsfähigen Ernährung, z. B.
Bevorzugung pflanzlicher Lebensmittel

Die Bevorzugung pflanzlicher Lebensmittel zeigt nicht nur positive individuelle gesundheitsbezogene Auswirkungen (vermehrte Aufnahme komplexer Kohlenhydrate und wertgebender Inhaltsstoffe, deutlich verringerter Fettverzehr), sondern kann zu einer erheblichen Reduktion der Emission globaler Treibhausgase führen. Verantwortlich für die hohen Treibhausgas-Emissionen sind u. a. die Veredelungsverluste, die energieaufwändige Intensivproduktion (Einsatz von Pestiziden und Mineraldüngern) und der Transport der Futterpflanzen. Neben Kohlenstoffdioxid entwickeln sich bei der Produktion tierischer Lebensmittel weitere Treibhausgase. Der Futteranbau zerstört Anbauflächen für die Lebensmittelproduktion für heimische Märkte und Lebensräume. Eine überwiegend lakto-vegetabile Ernährungsweise trägt somit auch zu einer gerechteren Verteilung der weltweiten Nahrungsressourcen bei.

Ökologisch erzeugte Lebensmittel

Ökologischer bzw. Biologischer Pflanzenbau benötigt im Vergleich zum konventionellen Pflanzenbau aufgrund des Prinzips der Kreislaufwirtschaft deutlich weniger Energie, womit dann auch deutlich weniger Treibhausgase freigesetzt werden. Ein Hauptgrund ist der Verzicht auf mineralische Stickstoffdünger, die unter hohem Energieaufwand hergestellt werden. Darüber hinaus wird die Umwelt auch in anderen Bereichen weniger belastet (keine Pestizid- und Nitrateinträge in Böden, Oberflächen- und Grundwasser). Die so erzeugten Nahrungsmittel enthalten weniger Rückstände, zumal auch auf Tierarzneimittel und Futterzusatzstoffe verzichtet wird. Ökologischer Landbau und die zugehörigen Produktions- und Ver-

Aktuelles Biosiegel

arbeitungszweige sind arbeitsintensiver als der konventionelle Landbau, wodurch zunehmend mehr Arbeitsmöglichkeiten geschaffen werden.

Regionale und saisonale Erzeugnisse
Regionale Lebensmittel benötigen geringe Transportwege und sparen damit Energie. Deutschlandweite Transporte von Lebensmitteln sind unnötig, denn vieles wird auch in der Nähe produziert. Flugtransporte, vor allem für frisches Obst und Gemüse, belasten das Klima etwa 80mal mehr als Schiffstransporte und bis zu 300mal mehr als saisonale Erzeugnisse aus der Region. Diese können vor der Ernte ausreifen; sie sind dadurch schmackhafter und enthalten mehr essentielle Inhaltsstoffe. Auch im Winter stehen in Deutschland winterfestes Gemüse wie Feldsalat und Grünkohl bzw. lagerfähiges Gemüse und Obst wie Sellerie, Möhren, verschiedene Kohlsorten, Äpfel und Birnen zur Verfügung. Regionale Kooperationen zwischen Erzeugern, Händlern und Verbrauchern sichern die Existenzen kleiner Betriebe und ermöglichen alternative Vermarktungsformen. Werden Lebensmittel aus Ländern des Südens importiert, so sollte auf Produkte aus "Fairem Handel" zurückgegriffen werden. Aber auch für die Erzeuger, Verarbeiter und Händler in Deutschland und Europa geht es um angemessene Lebensmittelpreise, um deren Existenzen zu sichern. Freilandanbau von Gemüse und Obst zu den jeweiligen Saisonzeiten ist energiesparend. Die Produktion im beheizten Treibhaus während der kalten Jahreszeit hingegen verbraucht bis zu 60mal mehr Energie als der Anbau im Freiland. Auch die „Saison" aus fernen Ländern zu uns zu holen, erfordert energieaufwändige und klimabelastende Transporte. Zudem enthalten Freilanderzeugnisse im Durchschnitt weniger Rückstände z. B. an Nitrat und Pestiziden.

Bevorzugung gering verarbeiteter Lebensmittel, reichlich Frischkost
Nahrungsqualität, die gesundheitsfördernden Ansprüchen genügen soll, muss frisch, von natürlicher Komplexität und vielfältig sein. In frischem Zustand weisen Lebensmittel den höchsten Gehalt an essentiellen Inhaltsstoffen auf. Lagerung, Konservierung und Verarbeitung senken nicht nur den Gehalt an essentiellen Stoffen, sondern auch das Verhältnis zueinander. Je mehr ein Lebensmittel von seiner natürlichen Komplexität und seiner Frische verloren hat, desto eher enthält es Lebensmittelzusatzstoffe (z. B. Farb- und Konservierungsstoffe, Emulgatoren oder Aromen), um die natürlichen verloren gegangenen Eigenschaften zu kompensieren. Diese technologischen Hilfsstoffe täuschen darüber hinaus unsere sensorischen Empfindungen. Der Verzicht auf intensive Verarbeitungsformen schont zudem den Verbrauch an Primärenergie und reduziert die Schadstoffemissionen.

Weitere Kriterien sind umweltverträglich verpackte Produkte oder auch der Einkauf von Lebensmittel bei heimischen Erzeugern. Ebenso bedeutsam sind die Zubereitung schmackhafter und bekömmlicher Speisen und der Genuss beim Essen.

Ein Saisonkalender zeigt an, wann welche Nahrungspflanzen in der Region geerntet werden können. Zwei Beispiele
* www.eltern.de/gesundheit-und-ernaehrung/ernaehrung/saisonkalender.html#
* www.eurotoques.de/index.php?id=1382

Kreatives Kochstudio
Probiert doch selbst einmal die Zubereitung frischer regionaler und saisonaler Zutaten aus. Was schmeckt besonders gut und ist leicht herzustellen?
* Rezepte gibt es z. B. bei www.rezepte.janotopia.de
* www.chefkoch.de

Forscheraufgaben

Aktuelle Ernährungsstile
Ernährungsgewohnheiten unterliegen einem steten Wandel. Die Situation heute: Eine steigende Nachfrage nach Snacks und Fast-Food und für das schnelle Kochen zuhause spielen

vorverarbeitete Produkte eine immer größere Rolle. Dazu kommt ein hoher Verbrauch an tierischen Lebensmitteln. Auf der folgenden Seite *www.isoe.de/projekte/ernaehr3.htm* findet ihr eine aktuelle Übersicht über verschiedene Ernährungsstile. Wo ordnet ihr euch ein? Welcher Ernährungsstil kommt einer zukunftsfähigen Ernährung nahe?

Kriterienkatalog

Entwickelt einen Kriterienkatalog: Was macht die Qualität eines Lebensmittels aus? Bezieht dabei auch den Gesundheitswert, den Genusswert, aber auch den ökologischen Wert des Lebensmittels mit ein.

Was können Verbraucherinnen und Verbraucher tun?

Bisher nutzen nur wenige Menschen und Institutionen Handlungsalternativen bei der Ernährung. Eine Auseinandersetzung mit den Zusammenhängen kann hingegen zu völlig neuen und unerwarteten Ideen und Vorgehensweisen führen und zukunftsweisende Impulse geben. Überlegt für euch ganz persönlich: Welche einfachen Schritte sind möglich, um den eigenen Ernährungsstil zukunftsfähig zu gestalten? Tauscht eure Ideen mit anderen aus.